Desbloquea tu dolor

ENDORFINAS

CONOCE LOS ANALGÉSICOS
NATURALES MÁS POTENTES

Desbloquea tu dolor

ENDORFINAS

CONOCE LOS ANALGÉSICOS

NATURALES MÁS POTENTES

PAIDÓS.

© 2025, Estudio PE S. A. C.

Desarrollo editorial: Anónima Content Studio
Coordinación editorial: Daniela Alcalde
Cuidado de la edición: Carlos Ramos y Daniela Alcalde
Redacción e investigación: Aldo Pancorbo, Sandro Mairata y Micaela Arizola
Revisión científica: Laia Alonso
Diseño de portada: Lyda Naussán
Diseño de interior e infografías: Gian Saldarriaga
Fotografías: Lummi

© 2025, Ediciones Culturales Paidós, S.A. de C.V.
Bajo el sello editorial PAIDÓS M.R.
Avenida Presidente Masarik núm. 111,
Piso 2, Polanco V Sección, Miguel Hidalgo
C.P. 11560, Ciudad de México
www.planetadelibros.com.mx
www.paidos.com.mx

Primera edición impresa en México: abril de 2025
ISBN: 978-607-569-937-0

Impreso en los talleres de Litográfica Ingramex, S.A. de C.V.
Centeno núm. 162-1, colonia Granjas Esmeralda, Ciudad de México
Impreso y hecho en México – *Printed and made in Mexico*

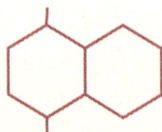

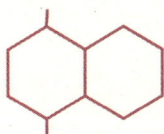

ÍNDICE

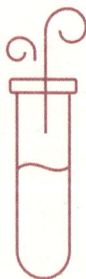

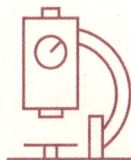

LA química

CORPORAL

Esta colección es un manual para descubrir la fisiología y la bioquímica que te llevarán al camino de la felicidad. Es también una invitación a un viaje que desvela la relación entre lo físico y lo emocional siguiendo la ruta de seis hormonas (oxitocina, dopamina, endorfinas, serotonina, testosterona y cortisol) y los neurotransmisores que tienen un papel fundamental en nuestras emociones y salud mental.

Para comenzar, en cada libro definiremos los principales conceptos sobre la química de la felicidad. Luego, se describirá cada una de las seis hormonas y se explicará cómo actúan y los efectos que producen en el cuerpo. Además, encontrarás ejemplos prácticos sobre cómo estimular las hormonas y los neurotransmisores para mantener el equilibrio entre ellos. Así podrás cambiar tus hábitos e incorporar nuevas prácticas para un estilo de vida más sano y, sobre todo, para convertirte en una versión tuya más feliz.

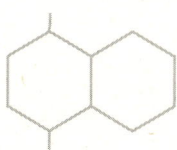

Las emociones en el cuerpo

Esperar los resultados de un proceso de selección de personal, sentir que el tiempo se detiene porque tu pareja no responde tu mensaje de WhatsApp o contar los días para emprender el viaje soñado con tus amigos son ejemplos de factores que probablemente te produzcan sentimientos de ansiedad y estrés. ¿Sabías que estas y otras respuestas emocionales se pueden manifestar en distintas partes de nuestro cuerpo? Partiendo de esta idea, un equipo de científicos finlandeses creó el mapa corporal de las emociones humanas.

Las emociones nos permiten adaptarnos a diversas situaciones, protegernos de amenazas y relacionarnos con otros seres.

En su estudio —realizado en 2013—, los participantes debían ubicar en qué parte del cuerpo sentían cada una de sus emociones. Tras este procedimiento, el grupo de investigadores descubrió que la emoción no solo modula la salud mental, sino que también genera respuestas concretas en ciertas zonas corporales, independientemente de la cultura a la que el individuo pertenezca. Estas reacciones son mecanismos biológicos que nos enseñan la conexión de la mente con el cuerpo. Cada emoción viene con su propia manifestación física.

Según este mapa, las dos emociones que generan respuestas más intensas, casi en todo el cuerpo, son la alegría y el amor. Por su parte, la depresión se percibe en el tórax, mientras que la ansiedad y la envidia se sienten en el pecho y la cabeza, respectivamente.

En ese sentido, el sistema endocrino es el encargado de traducir los estímulos y procesarlos en nuestro organismo. ¿Cómo? Mediante señales químicas que unas células, como las neuronas, transmiten a otras para influir en su comportamiento.

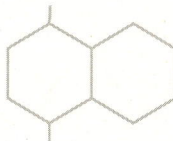

El sistema endocrino y el control de nuestro organismo

El sistema endocrino influye en casi todo el funcionamiento del cuerpo. Está compuesto por glándulas que producen hormonas, sustancias químicas que son liberadas directamente en nuestra sangre para que lleguen a las células, tejidos y órganos, de manera que ayuden a controlar el estado de ánimo, el crecimiento, el desarrollo, el metabolismo, la reproducción, el apetito y el sueño, entre otros. Las hormonas funcionan como mensajeros que comunican a las distintas partes de nuestro organismo la función que deben cumplir.

Las hormonas tienen un impacto directo en nuestra conducta.

Las hormonas pueden influir en
nuestro apetito.

Este sistema determina qué cantidad de cada hormona se segrega en el torrente sanguíneo, lo cual depende del nivel de concentración de esta y otras sustancias. Algunos factores como el estrés, las infecciones
y los cambios en el equilibrio de líquidos y minerales de la sangre también afectan las concentraciones
hormonales.

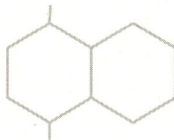

LAS PRINCIPALES GLÁNDULAS ENDOCRINAS

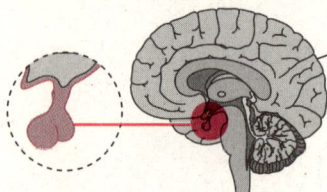

LA HIPÓFISIS

Se sitúa en la base del cráneo y se le considera la «glándula maestra», pues produce hormonas, como la oxitocina, que controlan otras glándulas y muchas funciones del cuerpo; por ejemplo, el crecimiento y la fertilidad.

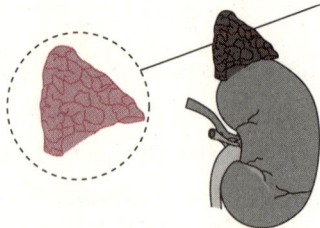

LAS GLÁNDULAS SUPRARRENALES

Son dos y se encuentran encima de cada riñón. Constan de dos partes: la corteza suprarrenal y la médula suprarrenal. La corteza segrega unas hormonas llamadas corticoesteroides (como el cortisol), implicadas en los procesos inflamatorios y en la regulación del sistema inmunitario.
Por su parte, la médula produce catecolaminas (adrenalina, noradrenalina y dopamina) y es la responsable de generar respuestas frente al estrés.

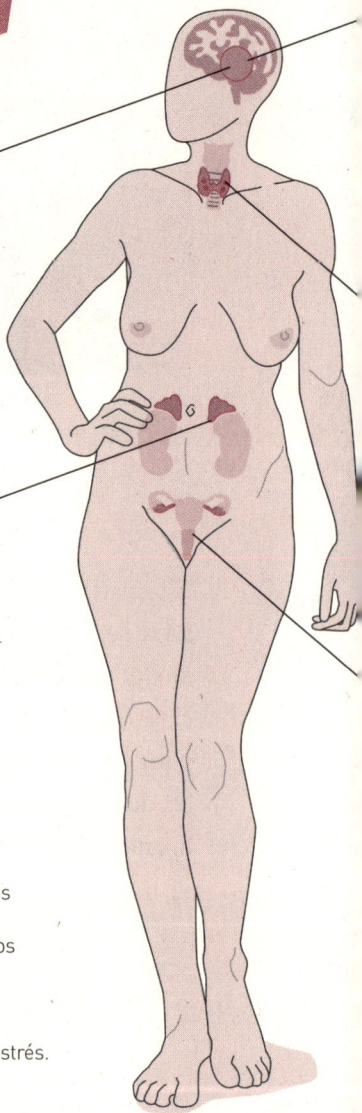

EL HIPOTÁLAMO

Se encuentra en la parte central inferior del cerebro y recoge la información que este recibe, como la temperatura que nos rodea, el hambre, el sueño, las emociones, etc. Luego, la envía a la hipófisis, uniendo el sistema endocrino con el sistema nervioso. Esto nos mantiene en homeostasis.

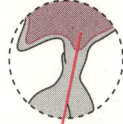

LA GLÁNDULA PINEAL

Está ubicada en el centro del cerebro. Segrega melatonina, una hormona que regula el sueño.

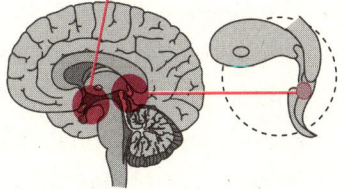

LA GLÁNDULA TIROIDEA

Se localiza en la parte baja y anterior del cuello. Produce las hormonas tiroideas tiroxina y triiodotironina, que controlan la velocidad con que las células queman el combustible de los alimentos para generar energía. Además, son importantes porque, cuando somos niños y adolescentes, ayudan a que nuestros huesos crezcan y se desarrollen.

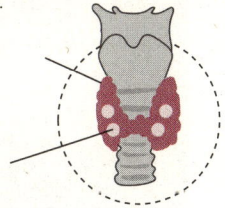

LAS GLÁNDULAS PARATIROIDEAS

Son cuatro que están unidas a la glándula tiroidea y, conjuntamente, segregan la hormona paratiroidea, que regula la concentración de calcio en la sangre.

MUJERES   HOMBRES

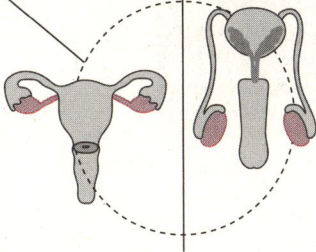

LAS GLÁNDULAS REPRODUCTORAS

También llamadas gónadas, son las principales fuentes de las hormonas sexuales. En los hombres, las gónadas masculinas o testículos segregan un conjunto de hormonas llamadas andrógenos, entre las cuales la más importante es la testosterona. En las mujeres, las gónadas femeninas u ovarios producen óvulos y segregan las hormonas femeninas: el estrógeno y la progesterona.

Cabe resaltar que el sistema endocrino no es el único involucrado en el trabajo de las hormonas, ya que este se relaciona estrechamente con el sistema nervioso. Nuestro cerebro envía las instrucciones al sistema endocrino, el cual «alimenta» con sus respuestas al sistema nervioso, que recopila, procesa y guarda esta información. Estos sistemas forman una relación bidireccional clave para mantener el equilibrio de nuestro cuerpo.

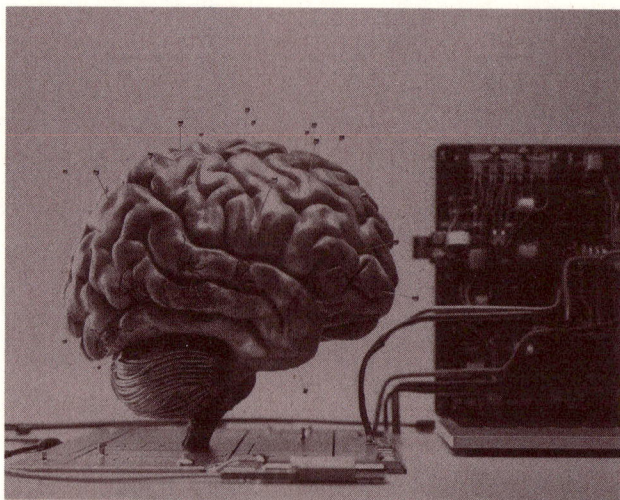

El cerebro es como el centro de operaciones de nuestro cuerpo. Envía las instrucciones para cada una de sus funciones.

El sistema nervioso: el descifrador de estímulos

El sistema nervioso es una red compleja de células especializadas, principalmente neuronas, que se encargan de coordinar y controlar las funciones de nuestro cuerpo. Se divide en dos partes principales:

- Sistema nervioso central (SNC): incluye el cerebro y la médula espinal. Es el centro de procesamiento y control, donde se reciben y analizan las señales del cuerpo y el entorno, y se toman decisiones para coordinar respuestas.

- Sistema nervioso periférico (SNP): está formado por nervios que conectan el SNC con el resto del cuerpo. Se subdivide en:

  - Sistema nervioso somático: controla las acciones voluntarias, como el movimiento de los músculos.

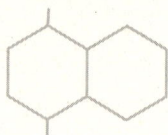

Sistema nervioso autónomo: regula funciones involuntarias, como la digestión y la respiración. Este, a su vez, está conformado por el sistema simpático, que activa la respuesta de lucha o huida ante situaciones de estrés, y el sistema parasimpático, que promueve el descanso y la digestión, facilitando la recuperación del cuerpo.

Asimismo, el sistema nervioso hace posible la comunicación entre el cuerpo y el cerebro, asegurando que las funciones vitales y las respuestas a estímulos externos se realicen de manera eficiente.

Como sabemos, todo en el cuerpo humano está entrelazado. No hay sistema u órgano que no esté relacionado con otros. Este también es el caso del sistema nervioso, como veremos a continuación.

Los neurotransmisores: conexiones esenciales

Son las sustancias químicas que envían información precisa de una neurona a otra. Ese intercambio que sucede en las neuronas de nuestro cerebro es esencial para poder sentir, pensar y actuar. Esta sinapsis o conexión que se establece entre neuronas próximas da como resultado la regulación de nuestro organismo.

Si bien los neurotransmisores y las hormonas comparten muchas características, no son lo mismo. Una de las grandes diferencias entre ambos es que los neurotransmisores viajan a través de las sinapsis en el sistema nervioso central para comunicarse con otras neuronas y músculos, mientras que las hormonas se producen en las glándulas endocrinas —como el hipotálamo, la hipófisis o la tiroides— y recorren el cuerpo a través del torrente sanguíneo para llegar a los órganos.

En 1921, el fisiólogo alemán Otto Loewi descubrió la existencia de los neurotransmisores en el cerebro.

Existen más de cuarenta neurotransmisores en el sistema nervioso humano. Algunos de los más importantes son:

- **Serotonina**: conocido como el «neurotransmisor de la felicidad», tiene un papel fundamental en la regulación del estado de ánimo, el sueño y el apetito. También influye en el buen funcionamiento cognitivo, la memoria y la modulación del dolor.
- **Dopamina**: está vinculada con la motivación, la recompensa y el placer. Se libera cuando experimentamos satisfacción —como cuando comemos algo que nos gusta— y está relacionada con el proceso de aprendizaje y la memoria.
- **Noradrenalina**: desempeña un papel crucial en la respuesta al estrés y la regulación del estado de alerta, por lo que siempre está siendo secretada en pequeñas cantidades. Cuando necesitamos estar enfocados y atentos, este neurotransmisor es el responsable de preparar nuestro cuerpo y mente para afrontar los desafíos.

- **Adrenalina:** se libera exclusivamente en situaciones de estrés o peligro, en las que envía señales de alerta y nos prepara para la respuesta de lucha o huida, dando lugar al aumento de la frecuencia cardiaca y la presión arterial.

- **Ácido gamma-aminobutírico o GABA:** funciona como inhibidor del cerebro, ya que contrarresta la acción excitatoria de otros neurotransmisores, lo que genera un efecto calmante y mantiene en equilibrio nuestro sistema nervioso. Los medicamentos que son utilizados en los trastornos de ansiedad, como las benzodiacepinas, actúan sobre este neurotransmisor.

Si bien las hormonas y los neurotransmisores funcionan dentro de nuestro organismo mediante mensajes químicos entre los sistemas endocrino y nervioso, fuera del cuerpo trabajan las feromonas, que son señales para los miembros de la misma especie. Estas señales son interpretadas por nuestro cerebro y se desata como respuesta la comunicación interna hormonal.

Las feromonas: aliadas sutiles

Son sustancias químicas emitidas por la mayoría de los seres vivos para provocar respuestas en otros individuos de la misma especie, ayudándolos a comunicarse y organizarse eficientemente.

En los animales, las feromonas influyen en la atracción sexual, la delimitación de territorios, la identificación de miembros de la familia o la advertencia de peligro; mientras que en nosotros, los humanos, pueden afectar el comportamiento social y sexual de forma sutil.

Los tipos más comunes de feromonas en animales y humanos son:

- **De señalización sexual:** están relacionadas con el apareamiento y la atracción sexual.
- **De alarma:** son emitidas en situaciones de peligro o estrés para alertar a otros ante una amenaza inminente.
- **Territoriales:** sirven para marcar un territorio y evitar que otros individuos entren en él. En los animales, pueden estar en la orina y los excrementos.

- **De rastro:** ayudan a los miembros de un grupo de la misma especie a orientarse y seguir rutas establecidas.
- **Calmantes:** tienen un efecto tranquilizante sobre otros seres de la misma especie.
- **De agregación:** permiten a los individuos identificar a miembros de su propia especie o compañeros de grupo.

En una pareja, realmente existe una química que hace que se sientan atraídos el uno por el otro.

Otras alianzas estratégicas

El sistema endocrino es el protagonista en el trabajo hormonal. Se encarga de enviar información a las glándulas y órganos que elaboran hormonas para que estos, a su vez, las liberen en la sangre. De esta manera, sus mensajes llegan a todo nuestro cuerpo y los siguientes sistemas lo ayudan a realizar bien su trabajo:

SISTEMA ENDOCRINO

Elabora y libera hormonas en la sangre para que lleguen a los tejidos y órganos de todo el cuerpo.

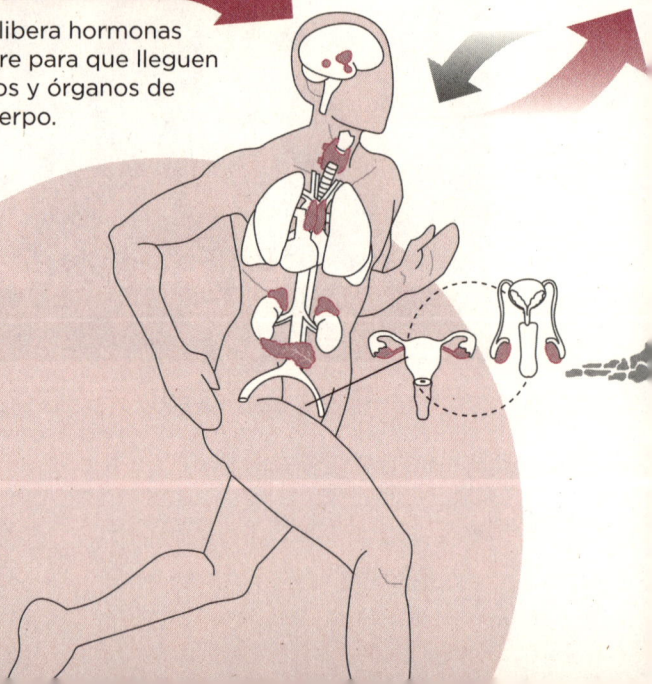

SISTEMA MUSCULAR
Facilita el movimiento del cuerpo, tanto voluntario como involuntario.

SISTEMA CIRCULATORIO
Transporta sangre, oxígeno y nutrientes a las células del cuerpo.

SISTEMA DIGESTIVO
Transforma alimentos en energía y nutrientes para el crecimiento y la reparación.

SISTEMA URINARIO
Filtra y elimina desechos del cuerpo y regula el equilibrio de líquidos.

SISTEMA NERVIOSO
Coordina las acciones del cuerpo mediante señales eléctricas y químicas.

SISTEMA ESQUELÉTICO
Soporta y protege los tejidos y órganos del cuerpo, además de facilitar su movimiento.

SISTEMA RESPIRATORIO
Aporta oxígeno al cuerpo y elimina dióxido de carbono.

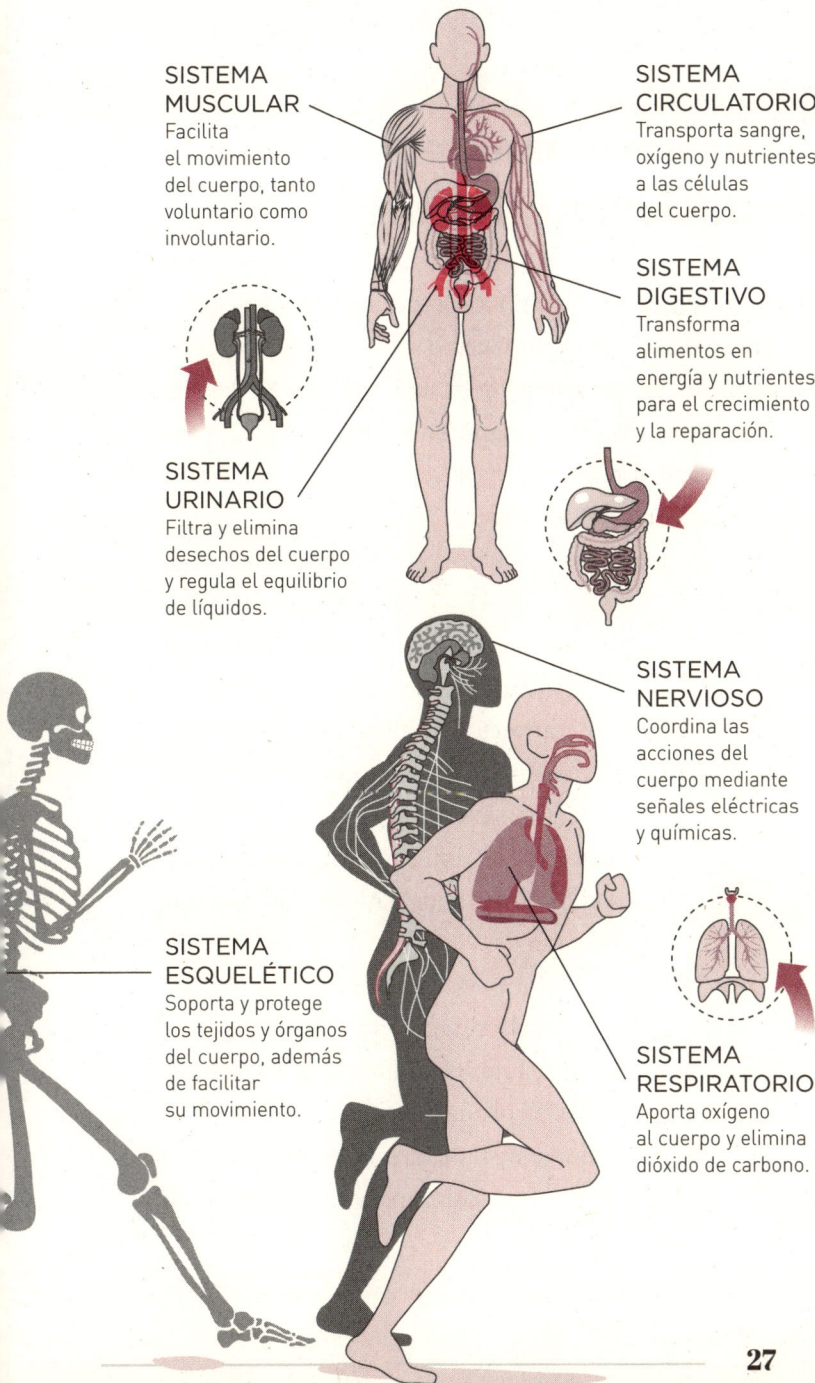

Las hormonas: emisarias eficientes

Son compuestos químicos generados por las glándulas del sistema endocrino que funcionan como transmisores de señales en nuestro cuerpo. Se desplazan por el torrente sanguíneo y son esenciales para preservar el equilibrio y la armonía entre nuestros distintos órganos y sistemas.

En cuanto a sus funciones principales, destacamos:

- **Regulación del metabolismo:** la insulina y las hormonas tiroideas controlan cómo nuestro cuerpo convierte los alimentos en energía.
- **Crecimiento y desarrollo:** las hormonas del crecimiento y sexuales, como los estrógenos y la testosterona, son clave para nuestro desarrollo físico durante la niñez, adolescencia y pubertad.
- **Mantenimiento del equilibrio interno (homeostasis):** el cortisol y la aldosterona nos ayudan a regular el equilibrio de sal, agua y minerales en el cuerpo.
- **Reproducción y desarrollo sexual:** los estrógenos, la testosterona y la progesterona

controlan el desarrollo de los caracteres sexuales secundarios y, según el sexo, regulan el ciclo menstrual, el embarazo o la producción de esperma.

- **Regulación del estado de ánimo y el comportamiento:** el cortisol y la testosterona influyen en nuestro estado emocional y los niveles de energía.
- **Respuesta al estrés:** el cortisol y la adrenalina preparan al cuerpo para reaccionar ante situaciones de estrés o peligro.

El funcionamiento adecuado de nuestras hormonas nos ayudará a lograr el bienestar y el equilibrio.

Cuando hay demasiadas o muy pocas hormonas en el torrente sanguíneo, se produce el desequilibrio hormonal y se desencadenan problemas de salud. Por eso, es esencial que haya un balance adecuado entre ellas para que funcionemos óptimamente y podamos evitar los siguientes efectos negativos:

- **Trastornos metabólicos:** un exceso o déficit de hormonas tiroideas o insulina puede generarnos hipotiroidismo, hipertiroidismo o diabetes.
- **Problemas emocionales:** un desequilibrio de cortisol o de las hormonas del estrés puede causarnos ansiedad, depresión o irritabilidad.
- **Problemas de crecimiento:** la deficiencia de la hormona del crecimiento puede ocasionarnos problemas como enanismo, mientras que un exceso provoca gigantismo o acromegalia.

● **Alteraciones reproductivas:** un desequilibrio en las hormonas sexuales puede causar, en las mujeres, infertilidad y problemas menstruales, mientras que, en los hombres, genera baja producción de esperma o disfunción eréctil.

● **Estrés crónico y fatiga:** un exceso de cortisol puede llevarnos al agotamiento, problemas de memoria y aumento de peso.

Debido a la importancia que tienen las hormonas para el organismo, su desbalance puede causarnos trastornos hormonales.

Si no se atienden a tiempo, los desequilibrios hormonales pueden desencadenar afecciones crónicas. Por eso, es importante cuidar el equilibrio químico de nuestro cuerpo.

El desorden de los trastornos hormonales

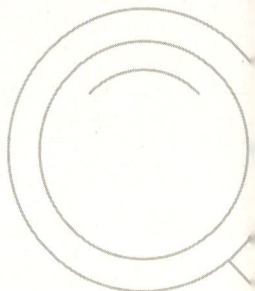

Los trastornos hormonales aparecen cuando tenemos un desequilibrio en la producción o función de las hormonas en el cuerpo. Algunos de los más importantes son los siguientes:

- Hipotiroidismo: ocurre cuando nuestra glándula tiroides no produce suficiente cantidad de dos hormonas tiroideas (T3 y T4). Entonces, se desregulan las reacciones metabólicas del organismo y se afectan las funciones neuronales, cardiocirculatorias, digestivas, entre otras.
- Hipertiroidismo: es un exceso de hormonas tiroideas que puede acelerar el metabolismo y, como consecuencia de ello, producirnos una pérdida de peso inesperada, acelerar nuestro ritmo cardiaco y predisponernos a un aumento de sudoración o de irritabilidad.
- Diabetes: consiste en la deficiencia o resistencia a la insulina, lo que afecta la regulación del azúcar en la sangre y nos puede causar

daños graves en el corazón, los vasos sanguíneos, los ojos, los riñones y los nervios.

- Síndrome de ovario poliquístico (SOP): se define como el desequilibrio de las hormonas sexuales femeninas (exceso de andrógenos) y puede provocar la ausencia de la menstruación o ciclos irregulares.
- Insuficiencia suprarrenal (enfermedad de Addison): se origina cuando las glándulas suprarrenales no producen suficiente cortisol y aldosterona.
- Síndrome de Cushing: se produce por un exceso de cortisol en nuestro cuerpo.
- Acromegalia: sucede como consecuencia de tener niveles altos de la hormona de crecimiento en los adultos, generalmente debido a un tumor en la glándula pituitaria.
- Hipogonadismo: es la producción insuficiente de hormonas sexuales (testosterona en hombres, estrógeno en mujeres).
- Hiperprolactinemia: ocurre por un exceso de prolactina, regularmente causado por un tumor en la glándula pituitaria.
- Menopausia precoz: se trata de la disminución temprana de los niveles de estrógeno, generalmente antes de los 40 años.

La felicidad explicada de forma orgánica

Las hormonas y los neurotransmisores juegan un papel fundamental en la regulación de las emociones. Los desequilibrios hormonales pueden generar cambios de humor, ansiedad, depresión u otras alteraciones. Por el contrario, mantener un equilibrio hormonal saludable favorece nuestra estabilidad emocional y bienestar mental, lo que está ligado estrechamente con la felicidad.

Estas son las hormonas y los neurotransmisores claves que influyen en ella:

- Serotonina: sus niveles adecuados se asocian con la felicidad; no obstante, niveles bajos pueden conducirnos a estados de depresión y ansiedad.
- Dopamina: cuando realizamos actividades placenteras o alcanzamos metas, su cantidad se incrementa y esto genera sensaciones de satisfacción.

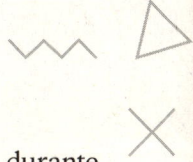

- **Oxitocina:** esta hormona aumenta durante el contacto físico, las interacciones sociales positivas y la formación de vínculos afectivos, lo que promueve una sensación de bienestar.

- **Endorfinas:** su liberación, a través del ejercicio, la risa y el sexo, nos hace sentir euforia y relajamiento.

- **Testosterona:** niveles equilibrados están asociados con una mayor energía y una mejor sensación general; mientras que niveles bajos pueden estar relacionados con la depresión y la fatiga. Cabe precisar que la producción de esta hormona en hombres y mujeres presenta rangos diferentes.

- **Cortisol:** su exceso nos ocasiona inestabilidad emocional, por eso hay que estar atentos para regularlo. Provoca irritabilidad, la sensibilidad está a flor de piel, lo que deviene en conflictos con otras personas o en sentimientos de angustia, tristeza o exaltación.

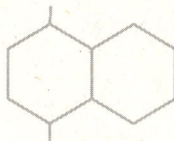

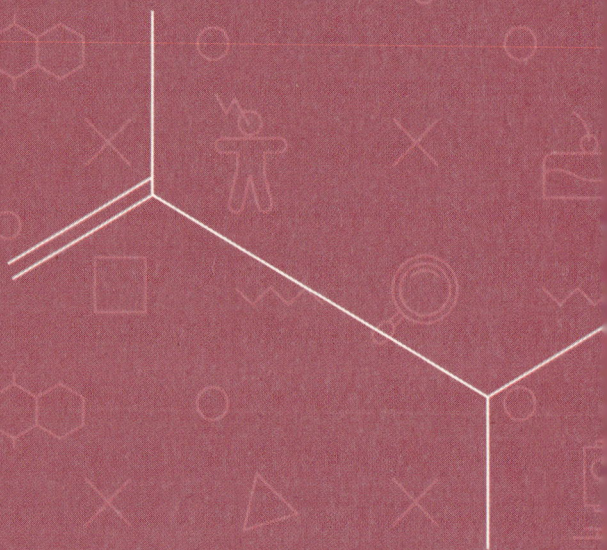

CAPÍTULO

1

ENDORFINAS: LOS

analgésicos

NATURALES MÁS POTENTES

¿Qué son las endorfinas?

Son sustancias que nuestro cuerpo genera para aliviar el dolor y hacernos sentir bien. Cuando te golpeas el dedo pequeño del pie contra la esquina de la cama, ellas son las responsables de que poco después tengas un *rush* de euforia, una sensación de alivio, como si tu organismo fuera invadido por analgésicos que lo calman todo.

Las endorfinas se liberan en momentos de estrés o dolor. También cuando realizas actividades placenteras como reír, ejercitarte un poco, mantener relaciones sexuales o comer tu postre favorito. Nos referimos a ellas en plural porque son una familia de proteínas pequeñas que actúan de manera independiente en el sistema nervioso central, cumpliendo la función de neurotransmisores.

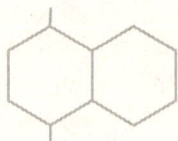

Menos dolor, más alegría

Las endorfinas nos ayudan a estar más relajados y ser más felices. Incluso, en el imaginario popular, junto a la serotonina, la dopamina y la oxitocina, integran lo que se conoce como el «cuarteto de la felicidad», ya que producen alegría.

Gracias a la acción de estas sustancias, nos invade un estado generalizado de bienestar, lo que repercute en nuestra salud emocional. Nos sentimos en calma, pues su trabajo puntual es inhibir el dolor y aliviarnos en el sentido más amplio de la palabra. Gracias a ellas, llegamos a estar tan en paz que nuestro ánimo mejora y la ansiedad nos abandona, lo que genera un efecto antidepresivo.

El relajamiento que nos aportan las endorfinas contribuye a nuestra felicidad.

Parecidas, pero no iguales

El nombre de estas poderosas sustancias proviene de dos términos: *endo*, que es la abreviatura de *endógeno* y hace referencia a algo que se produce dentro del cuerpo; y *morfina*, un análgésico opioide tan intenso que solo se usa cuando otros medicamentos contra el dolor no se pueden tolerar o no funcionan bien. Por tanto, las endorfinas son la *morfina interna* o la *morfina del cuerpo*. También se le conoce como *morfina natural*.

La etimología del término *endorfinas* se basa en que estas sustancias químicas actúan de manera similar a la morfina, pero en lugar de ser un fármaco externo, se trata de una sustancia que nuestro propio cuerpo genera.

Las endorfinas son analgésicos naturales que nuestro cuerpo genera para ayudarnos a enfrentar el dolor.

¿Cómo se producen?

Las endorfinas se producen en varias partes del sistema nervioso central, en la hipófisis y en el hipotálamo. Cuando se liberan, las endorfinas se conectan con receptores específicos que se encuentran en las células nerviosas, denominados *receptores opioides*. Estos funcionan como cerraduras y las endorfinas son las llaves que encajan en ellas. Al hacerlo, bloquean la sensación de dolor e incitan la producción de sensaciones de placer.

Los estímulos que desencadenan la generación de endorfinas son muchos, desde el ejercicio, el baile o la música, hasta el chocolate o la comida picante. Incluso los baños de agua fría dan excelentes resultados, y si nos sumergimos en una tina durante unos treinta segundos el efecto es aún mayor.

Presentes en la naturaleza

Estos analgésicos naturales también son producidos por los organismos de otras especies animales, específicamente en los vertebrados, como ovejas y caballos. En estos, desempeñan la misma función que en los seres humanos: aliviar el dolor y, en consecuencia, generar tranquilidad.

A diferencia de los humanos, el bienestar de los animales va de la mano con la satisfacción de sus necesidades básicas: tener qué comer o no ser depredado por otra especie. Por esta razón, pueden generar endorfinas cuando sacian su hambre, ya sea cazando —como los animales salvajes— o viendo cómo les sirven la comida, en el caso de animales caseros, entre otros.

Los animales producen endorfinas cuando pueden saciar su necesidad de alimentarse.

Cuando ronronean, los gatos liberan endorfinas que los ayudan a relajarse y a aliviar dolores.

Un poco de historia

El descubrimiento de las endorfinas se basa en la investigación de los efectos de la morfina y otras sustancias opioides en el cuerpo humano. En la década de los setenta, los científicos se dieron cuenta de que el cuerpo debía de tener receptores específicos para estas drogas, lo que llevó a la pregunta: si hay receptores, ¿por qué existen? Esto hizo pensar que, de igual manera, seguro debía de haber una sustancia natural en el cuerpo que interactuara con estos receptores, similar a como lo hace la morfina.

Finalmente, casi a la mitad de esa década, Roger Guillemin y otros investigadores descubrieron las endorfinas, lo que confirmó que nuestro cerebro produce sus propios analgésicos naturales. Fue un gran avance para la ciencia, pues reveló la manera en que el cuerpo regula el dolor sin la necesidad de medicamentos externos.

Las investigaciones sobre los efectos de la morfina en el cuerpo sentaron la base para descubrir las endorfinas.

Las endorfinas en nuestro cuerpo

En nuestro organismo tienen lugar procesos complejos y asombrosos que aseguran el correcto funcionamiento de órganos y sistemas. La acción de estos analgésicos no es la excepción. Esta es su ruta:

1

Se activa la producción y secreción de endorfinas al recibir un estímulo. Por ejemplo, comer un chocolate o levantar pesas.

2

El hipotálamo procesa estos estímulos y envía una señal a la hipófisis que libera las endorfinas. Ambas áreas se encuentran en el centro de la supresión del dolor.

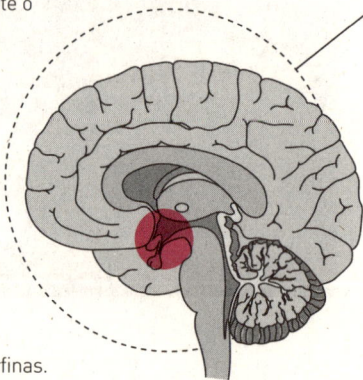

3

Una vez secretadas, las endorfinas se unen a receptores opioides en el cerebro y viajan por todo el cuerpo, a través del sistema nervioso periférico.

4

Al hacerlo, pueden inhibir la liberación de señales de dolor, estimular el sistema de recompensa del cerebro y reducir la actividad en la amígdala, disminuyendo niveles de estrés y ansiedad.

5

Nos sentimos relajados y en calma.

Efectos en el cuerpo humano

uando las endorfinas son segregadas por nuestro cuerpo se activan una serie de respuestas positivas y negativas. ¿Es posible que algo que alivia sea negativo? Si bien sus efectos no tienen contraindicaciones, el exceso siempre nos puede pasar la factura.

RESPUESTAS NEGATIVAS

Nos vuelven dependientes del placer.

Nos hacen propensos a adicciones a las drogas o los analgésicos sintéticos.

Podemos generar fatiga crónica por el desgaste físico.

El alivio temporal del dolor puede hacer que le exijamos a nuestro cuerpo más de lo debido.

Podemos desarrollar dificultad para manejar el dolor real.

RESPUESTAS POSITIVAS

Generan sensaciones de alegría y placer.

Alivian el dolor físico y emocional.

Nos ayudan a relajarnos en situaciones difíciles.

Retrasan el proceso de envejecimiento.

Potencian las funciones del sistema inmunitario.

Aumentan nuestra motivación.

Fortalecen el sistema inmune.

Nos llenan de energía.

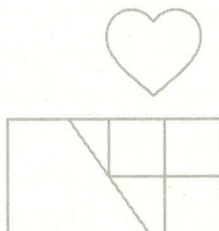

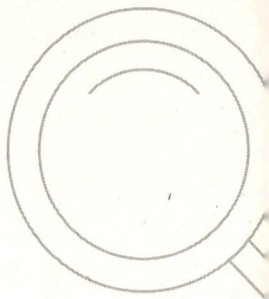

Un caso para analizar

Diego, un escalador apasionado, vivía por la adrenalina y las emociones extremas. Desde que tenía memoria, las montañas lo llamaban, y subirlas le daba una sensación de libertad que no encontraba en ningún otro lugar. Con cada cima que conquistaba, su cuerpo liberaba una avalancha de endorfinas que lo llenaban de euforia y satisfacción. Era su forma de vida: escalar, alcanzar la cumbre, sentir esa euforia y luego planear su próxima aventura.

Poco a poco fue conquistando todas las cimas de su región, su país y las de otros continentes, cada una con distintos tipos de dificultades, logística y retos particulares. Esas hazañas solo tenían un propósito, escalar la montaña más alta del mundo: el Everest.

Los Himalayas es la cordillera más alta de la Tierra. Es una región situada en el continente asiático que se caracteriza por su clima extremo y una altitud tan alta que solo respirar ya es un deporte extremo. Pero a Diego poco le importaba lo que decían a su alrededor, él quería llegar a su meta.

Para ello, además de su rutina habitual, comenzó a correr más kilómetros e incorporó entrenamientos de fuerza para piernas y músculos abdominales. Con el objetivo de lograr una mejor resistencia, incluyó ejercicios de escalada en zonas agrestes.

Sin embargo, algo empezó a cambiar. Un día, después de una de sus escaladas más exitosas, esa sensación de plenitud no llegó. A pesar de haber conquistado una de las montañas más altas que había escalado hasta entonces, se sentía vacío. En lugar de alegría, experimentó ansiedad y desmotivación. A medida que pasaban los días, ese bajón se volvió más frecuente. Diego intentaba replicar esa euforia entrenando más duro y buscando montañas más desafiantes, pero las endorfinas ya no surtían el mismo efecto.

Consultó a un especialista, quien le explicó que se había vuelto dependiente de esa sensación placentera y estaba empezando a desarrollar una adicción al ejercicio. Lo que había iniciado como una aventura llena de felicidad se había transformado en un agotamiento emocional.

Diego entendió que, para volver a sentirse en equilibrio, debía cambiar su enfoque, reducir la intensidad y aprender a disfrutar del proceso, no solo de la cima. Hoy, sigue escalando, pero también ha aprendido a escuchar a su cuerpo, buscando un balance en su vida diaria, sin depender de las montañas para encontrar su paz interior.

Tu especialista de cabecera dice

CANDACE PERT

Es una neurocientífica y farmacóloga estadounidense que descubrió los receptores de opiáceos. Sobre las endorfinas, dice:

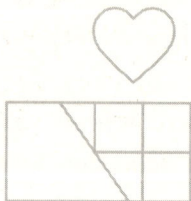

« Se ha demostrado que el enamoramiento y el orgasmo, así como la acupuntura, producen un aumento significativo en la secreción de endorfinas ».

JOHN RATEY

El psiquiatra y autor del libro
*Spark: The Revolutionary New Science
of Exercise and the Brain* explica:

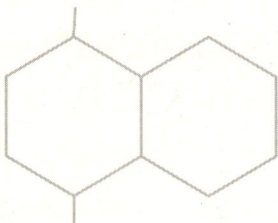

El ejercicio desencadena la liberación de endorfinas, que nos hacen sentir bien y nos ayudan a combatir el estrés. Son la razón por la que el movimiento es tan poderoso para mejorar nuestro estado de ánimo y capacidad de enfocarnos

2

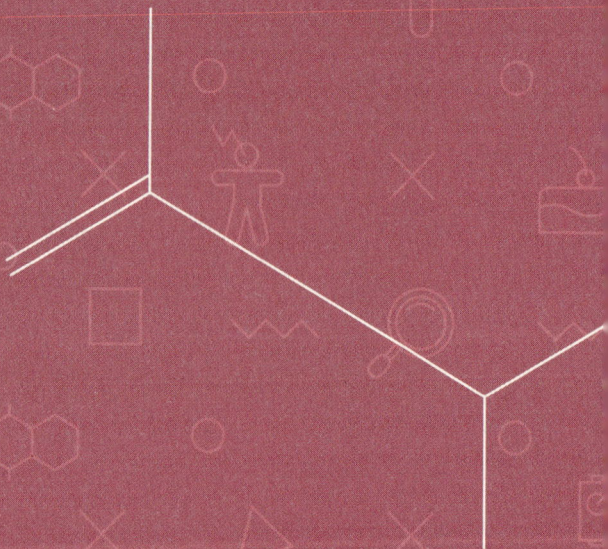

NUESTRAS ALIADAS CONTRA EL dolor

¿Cuándo liberamos endorfinas?

Nuestro cuerpo produce endorfinas en situaciones de estrés o dolor. Estas actúan como superhéroes naturales que aparecen para protegernos del malestar, pues se encargan de bloquear las señales de dolor que viajan al cerebro. Desde tiempos ancestrales, nos han permitido reaccionar con rapidez ante el ataque de los depredadores o ante una caída estrepitosa, de forma que hemos podido seguir existiendo como especie.

Estamos diseñados para que, en caso de lastimarnos, no sintamos tanto dolor y podamos tomarnos un instante para procesar la situación y luego actuar de manera acertada. Tras una actividad intensa o incluso una lesión, tu cuerpo sigue funcionando sin que te des cuenta de inmediato de la gravedad del daño. Por eso, las endorfinas cumplen una función clave para nuestra supervivencia.

Desde nuestros primeros días

Las endorfinas son parte de nuestras vidas desde que somos bebés. La lactancia materna es un momento que no solo estrecha el vínculo madre-hijo, sino que también resulta un mágico intercambio de estos analgésicos naturales. Cuando la mamá le da el pecho a su bebé, segrega endorfinas que pasan a este a través de la leche y terminan relajándolos a ambos. A los veinte minutos, ella experimenta el punto más alto de estas sustancias en su cuerpo.

Si los padres le dan masajes a su bebé antes de hacerlo dormir, esto activará su producción de endorfinas y, en consecuencia, mejorará la calidad de su sueño y dormirá por más tiempo. Se recomienda acariciar suavemente la zona de los hombros hasta la cintura y la palma de las manos. Esta práctica resulta beneficiosa incluso hasta la infancia y puede ser parte de la rutina de sueño del niño.

Actividad física

El ejercicio ayuda a nuestro cuerpo no solo a generar altas dosis de endorfinas, sino también a procesar la energía proveniente de los alimentos, detener la inflamación de nuestros órganos, retrasar el envejecimiento y mucho más.

No se trata necesariamente de llevar el cuerpo al límite ni tener una rutina extenuante y repetitiva, sino más bien de hacerlo de forma regular, constante y, mejor aún, de la mano de una alimentación adecuada. La clave es encontrar la actividad que se integre a tu estilo de vida y a tu personalidad. Existen muchas opciones; además de correr o nadar, puedes bailar, practicar pilates, bicicleta estacionaria y un largo etcétera.

Si te animas a hacerlo, el primer gran cambio que notarás no será en tu peso ni en la tonicidad de tus músculos, sino en cómo te sientes después de entrenar. Las endorfinas causan que, a pesar del cansancio físico, experimentes un profundo relajamiento, calma y cierta alegría. No importa qué tan preocupado hayas estado antes de empezar tus ejercicios, al concluir, te sentirás mucho mejor.

Cuando asoma el estrés

Las largas horas de trabajo, los desajustes en los horarios de comida y el sedentarismo son los principales males a combatir. Pero ¿cómo lograrlo? Resulta fundamental cambiar tus rutinas, pedir ayuda a profesionales de la salud, crear espacios para ejercitarte, meditar y pasar más tiempo con los tuyos. Esas dosis de endorfinas son ideales para seguir en marcha.

Piensa en cuál es la mejor versión de ti y comienza a trabajar para conseguirla. Reflexiona sobre tus metas, sueños y anhelos. Puedes escribir una lista con ellos y, poco a poco, ir armando un nuevo plan de vida para realizarlos. Sé gentil con los tiempos y, sobre todo, ten mucha paciencia.

Momentos de placer

Producimos endorfinas en los momentos de placer. El sexo no es la excepción. De hecho, un orgasmo provoca que generes una dosis tan alta que te lleva a una etapa de relajación tan profunda que hasta te puedes quedar dormido.

Las investigaciones señalan que el sexo alivia los dolores, ya que la liberación de endorfinas relaja las terminaciones nerviosas y esto puede contrarrestar dolores menstruales o de cabeza. Incluso, algunos especialistas consideran que un orgasmo equivale a tomar dos aspirinas. Además, las endorfinas relajan nuestras arterias, lo que ayuda a reducir la presión arterial.

Cuidar la intimidad y cercanía en la pareja nos conduce a una vida sexual plena que contribuye a nuestra producción de endorfinas.

Los masajes, una buena carcajada junto a tu persona favorita y ver una buena película también activan tu producción de endorfinas. ¿Qué esperas? Planifica una cita espectacular que integre todos estos elementos y lleva tus endorfinas a un siguiente nivel.

Frío intenso

Una ducha fría o un chapuzón en un mar gélido provocan que los nervios envíen impulsos eléctricos a nuestro cerebro. Tras un par de minutos, el cuerpo interpreta este estímulo como peligro y, en consecuencia, se activa una respuesta de supervivencia: tu respiración se agita, tu ritmo cardiaco aumenta, la adrenalina invade tu cuerpo y la producción de endorfinas será enorme. Una sensación de euforia te invadirá y arrasará con los dolores.

Son múltiples los factores que pueden estimular la producción de endorfinas.

Relaciones químicas

Las endorfinas no trabajan solas. Forman parte de un entramado de sustancias que el cuerpo libera para ampliar la sensación de bienestar. El trabajo en conjunto asegura que la información viaje a través de nuestros sistemas de manera óptima, las instrucciones sean acatadas por nuestros órganos y el resultado sea exitoso.

Dopamina

Cuando realizas algo que disfrutas, como comer tu comida favorita o lograr una meta, no solo se genera una dosis de dopamina, sino también de endorfinas. Así, se produce una experiencia aún más placentera. La dopamina te causa una sensación de premio, mientras que las endorfinas se encargan de hacerte sentir más relajado y menos estresado.

Serotonina

Las endorfinas te dan bienestar de forma más inmediata, mientras que la serotonina trabaja en segundo plano para que tu felicidad se sostenga a través del tiempo. Juntas, ayudan a combatir la depresión y el mal humor.

Oxitocina

Esta hormona y las endorfinas se liberan en momentos de conexión emocional, como cuando abrazas a alguien o compartes momentos especiales con amigos o familia. Asimismo, durante el orgasmo y el parto. El trabajo conjunto de ambas permite, refuerza y acentúa nuestros lazos sociales y nos hace sentir cercanos a los demás.

Cortisol

Las endorfinas regulan el cortisol cuando se practica un deporte, especialmente en actividades aeróbicas como caminar, correr, nadar o bailar. También cuando disfrutamos de algo placentero, como comer chocolate, escuchar música o pasar tiempo con amigos.

Cuando el cuerpo duele

El dolor es una de las sensaciones más reconocidas desde el inicio de los tiempos. Nos puede atacar en cualquier momento, a cualquier edad y de distintas maneras. La forma en que respondemos ante él está almacenada en la parte más primitiva de nuestro cerebro y este es su proceso:

1

Un estímulo nos genera una sensación de pinchazo, hormigueo, picadura, ardor o molestia. Por ejemplo, una abeja nos pica.

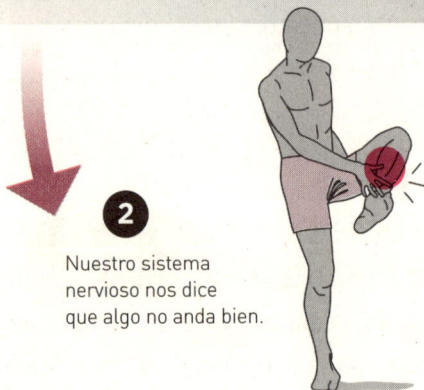

2

Nuestro sistema nervioso nos dice que algo no anda bien.

SENSACIÓN DE DOL

3

El dolor es una señal muy importante porque nos hace actuar cuando pasa del sistema nervioso periférico al central.

4

El cerebro le dice a nuestra mano que retire el aguijón y que busquemos ayuda.

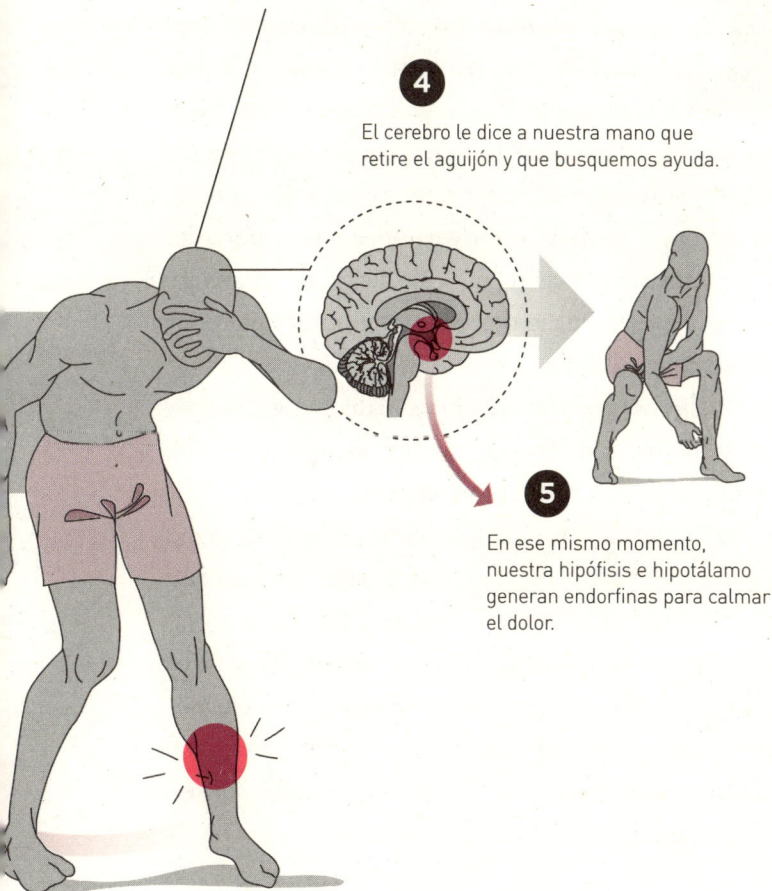

5

En ese mismo momento, nuestra hipófisis e hipotálamo generan endorfinas para calmar el dolor.

Un caso para analizar

Luana tiene 48 años, tres hijos y un esposo atento y cariñoso. Sin embargo, es una mujer triste. Ella, que había sido una estudiante estrella, que había conseguido una beca para estudiar en el extranjero y que tenía un gran puesto de trabajo, no sentía que su vida fuera feliz. En su casa, se había convertido en una persona malhumorada y desganada. Solía alzar la voz con frecuencia y se la pasaba refunfuñando por cualquier incidente cotidiano.

Un día, el menor de sus hijos le dijo: «Mamá, ¿por qué ya no sonríes? Eres muy bonita cuando lo haces». Luana se quedó pensando y empezó a revisar el álbum de fotos de su celular. Le cayó un balde de agua fría. Comenzó a preguntarse qué había pasado con ella. Tratando de buscar respuestas, llegó a la investigación de Guillaume Duchenne, un neurólogo francés que fue pionero en describir algunos trastornos nerviosos y en desarrollar una teoría sobre la sonrisa. Según esta, si bien todos los seres humanos sonreímos, no todas las sonrisas son sinceras.

Viendo las fotos, ella notó que la mayoría de sus sonrisas eran fingidas, eran simplemente un movimiento de labios hacia los costados, ausentes de emoción y de expresión. No, como lo describe Duchenne, la combinación de los músculos de los ojos y la contracción de las mejillas que llegan hasta la comisura de los labios.

En las fotos más antiguas, Luana sí sonreía sinceramente, al lado de su esposo, sus hijos, amigos y familia. Parecía disfrutar más la vida que ahora. Por eso, decidió buscar ayuda terapéutica para llegar a la raíz de su tristeza. Poco a poco, fue entendiendo algunas cosas y se animó a retomar los sueños que había dejado olvidados, como practicar *ballet*, su gran pasión de adolescente que pensaba que, por sus responsabilidades como madre y esposa, había quedado para siempre en el olvido. Volver a ponerse las zapatillas y las mallas de ensayo la motivó también a salir a correr para estar en mejor estado físico para la danza. El baile, el ejercicio y la sonrisa que le generaba reconectarse consigo misma activaron las endorfinas en su interior, y la sensación de bienestar está volviendo a hacerle compañía.

Tu especialista de cabecera dice

INÉS LEMMEL

Es psicóloga general sanitaria y terapeuta especializada en adicciones. Interesada en la divulgación de investigaciones de salud mental, ha publicado los libros *Cómo sobrevivir al caos mental* y *Las hormonas de la felicidad*. En este último, comenta:

Ya que el miedo es necesario y no debemos retirarlo de nuestra vida, con lo que hay que trabajar es con la preocupación, y el proceso pasa por relativizar y analizar. ¿Qué nos preocupa? ¿Cuántas posibilidades hay de que realmente ocurra? ¿Qué podemos hacer? ¿Está en nuestras manos la solución? Todas estas preguntas son el primer paso para desbloquear la preocupación. Y con unos niveles altos de endorfinas es más factible conseguirlo

DAVID JP PHILLIPS

Es un emprendedor sueco que ha dedicado gran parte de su carrera a estudiar cómo la neurociencia y la biología afectan la forma en que los seres humanos reciben y procesan información.

En su libro *Las 6 hormonas que van a revolucionar tu vida* destaca un tipo de endorfina específica:

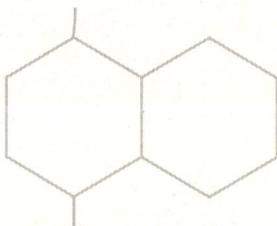

Los efectos de esa endorfina beta también son excitantes y se ha demostrado que aumentan nuestra capacidad para interpretar las emociones de los demás y empatizar con su situación

3

CUANDO LAS

LAS

alertas

SE DISPARAN

Cuestiones de cálculo

No hay una cantidad específica de endorfinas en el cuerpo que se considere normal o anormal, ya que se liberan directamente en el cerebro y no es fácil realizar mediciones precisas en la sangre u otros fluidos corporales. Además, los valores varían según la persona, la situación y el contexto fisiológico o emocional. Sin embargo, es posible mencionar algunos patrones generales.

Depende del momento

Si bien el cuerpo libera pequeñas dosis de endorfinas para regular el estado de ánimo, aliviar el dolor y contribuir al bienestar general, sus niveles en el plasma suelen ser bajos en condiciones normales. Por ejemplo, cuando estás tumbado en el sofá, tranquilo, haciendo *zapping* hasta que encuentras una película que te interesa ver.

Los estudios sugieren que las concentraciones promedio en personas saludables —y en condiciones no estresantes— son de 5 a 20 picogramos por mililitro (pg/mL) en la sangre.

Sin embargo, esto cambia radicalmente según el tipo de actividad. Se sabe que, tras un entrenamiento físico intenso, los niveles de endorfinas pueden incrementarse hasta cinco veces por encima de los valores antes mencionados, lo que podría elevarlos a 50 o 100 pg/mL.

Cada cuerpo es único. Por ello, las cantidades normales de endorfinas varían de una persona a otra. No obstante, se sabe que una sesión de ejercicio intenso podría elevar sus valores.

Endorfinas bajo la lupa

La medición de las endorfinas en el cuerpo requiere de un proceso complejo. No obstante, su rápida descomposición después de ser liberadas en nuestro cerebro permite estimar sus cantidades gracias a varias técnicas utilizadas en investigaciones y entornos clínicos.

Aunque es difícil medirlas de forma directa en la sangre, algunos estudios calculan sus concentraciones en el plasma a través de análisis sanguíneos. También se hace mediante pruebas de saliva, pero no son alternativas muy precisas, ya que los niveles de sangre no reflejan la actividad de las endorfinas en el cerebro.

Dado que estos analgésicos naturales actúan principalmente en el cerebro y el sistema nervioso central, el líquido cefalorraquídeo es una fuente más precisa para medirlas. La extracción de este líquido se realiza por medio de una punción lumbar. Esta técnica no se aplica con frecuencia, debido a su carácter invasivo.

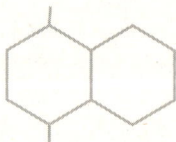

De igual modo, es posible usar técnicas de neuroimagen, las cuales, a pesar de que no miden las endorfinas de manera directa, pueden monitorear y visualizar indirectamente la actividad de los receptores opioides en el cerebro. Esto permite inferir la liberación de esta sustancia química al observar situaciones que estimulan su producción, como el ejercicio o la risa.

La medición de las endorfinas en nuestro cuerpo es todavía un reto para la ciencia. No obstante, sí estamos seguros de que el ejercicio estimula su producción.

Alteraciones y efectos

Así como nuestro estado de ánimo está condicionado por diversas causas, los niveles de endorfinas en el cuerpo son afectados por distintos factores, tanto físicos como emocionales.

En una persona que pasa horas sentada frente a la computadora trabajando y que luego descansa sentada o acostada viendo televisión, la falta de actividad física puede reducir la oxigenación de los tejidos y disminuir la liberación de endorfinas. Por esta razón, es probable que se sienta aletargada y hasta cansada. Además, se vuelve más propensa a la ansiedad y la depresión.

Ni mucho ni poco. El cuerpo necesita endorfinas en cantidades balanceadas para estar en equilibrio.

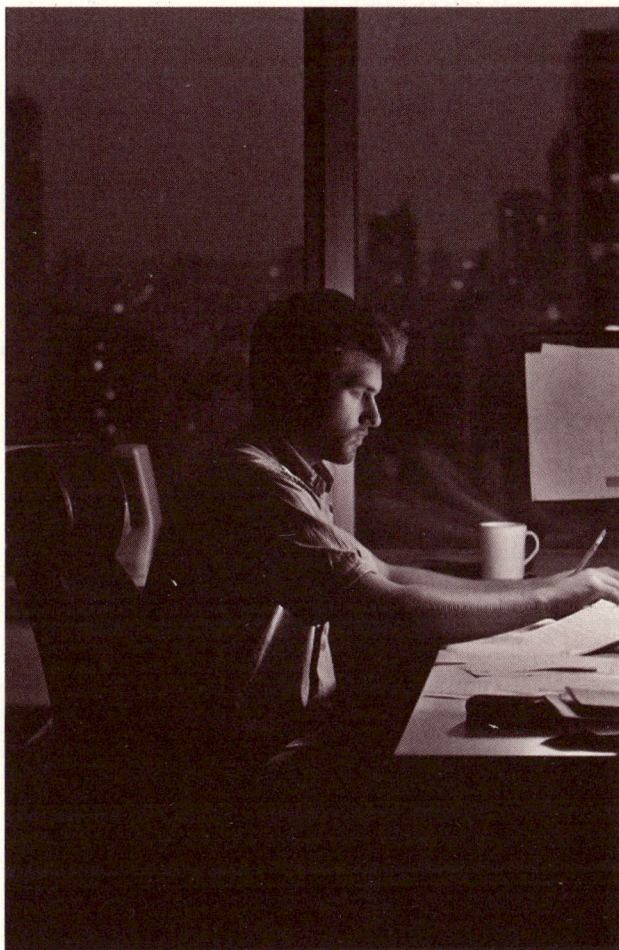

El sedentarismo y las jornadas de trabajo demasiado largas nos alejan de nuestro bienestar.

Los causantes

Tener una vida sana depende de la implementación de hábitos saludables, pero también es de vital importancia identificar aquellos elementos que nos llevan al desbalance. Estas son las causas principales de que nuestras endorfinas no estén en las cantidades adecuadas:

- El estrés prolongado, causado por múltiples factores, como extensas jornadas de trabajo, puede reducir la producción y la actividad de las endorfinas, lo que impacta nuestra sensación de bienestar y nos vuelve más vulnerables al dolor.
- El sedentarismo provoca que quienes llevan ese tipo de vida tiendan a liberar menos endorfinas, lo que contribuye a que experimenten tristeza o fatiga.
- Una dieta baja en nutrientes esenciales, como ácidos grasos omega-3 y vitamina D, puede influir negativamente en la producción de endorfinas y otros neurotransmisores relacionados con el bienestar.

Consecuencias del desbalance

Si bien contar con cantidades elevadas de endorfinas nos proporciona felicidad y bienestar general, dado que son similares a los opiáceos en su efecto analgésico y de sensación de placer, esto también representa un riesgo. Aunque no es muy común, un exceso de estos neurotransmisores podría alterar nuestro estado de ánimo al punto de no ser capaces de identificar el dolor o algún agente nocivo para nuestro cuerpo. Asimismo, sería más difícil percatarnos de que tenemos una patología o una lesión grave.

En determinados casos, las personas con niveles bajos de endorfinas pueden buscar estímulos externos para compensar la falta de energía o placer, lo que los conduciría al abuso de sustancias o la adicción al ejercicio. Por otro lado, niveles altos de endorfinas nos predisponen a conductas precipitadas, como la exposición a situaciones peligrosas, debido a la sensación exagerada de euforia, similar a la experimentada bajo los efectos de drogas opiáceas, lo que distorsionaría nuestra percepción de la realidad.

Un caso médico

El ejercicio, especialmente el cardiovascular, como correr, nadar o el ciclismo, genera en algunas personas un estado conocido como *runner's high* o «euforia del corredor». Este fenómeno consiste en una sensación de felicidad plena ocasionada por actividades físicas de larga duración e intensidad, y se origina por la liberación de endorfinas, las cuales impiden que se experimente cansancio o dolor. Es entonces cuando dejamos de sentir ansiedad y nos invade una sensación de euforia y placer puro.

Sin embargo, este «subidón» puede llevar a que el cuerpo se enganche y pida seguirlo teniendo constantemente. El mayor riesgo es que terminemos sufriendo un desgaste o lesión física de consideración.

El desbalance en la producción de endorfinas nos predispone a volvernos adictos al ejercicio o a que no nos demos cuenta si nos lesionamos.

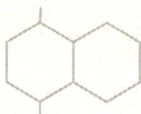

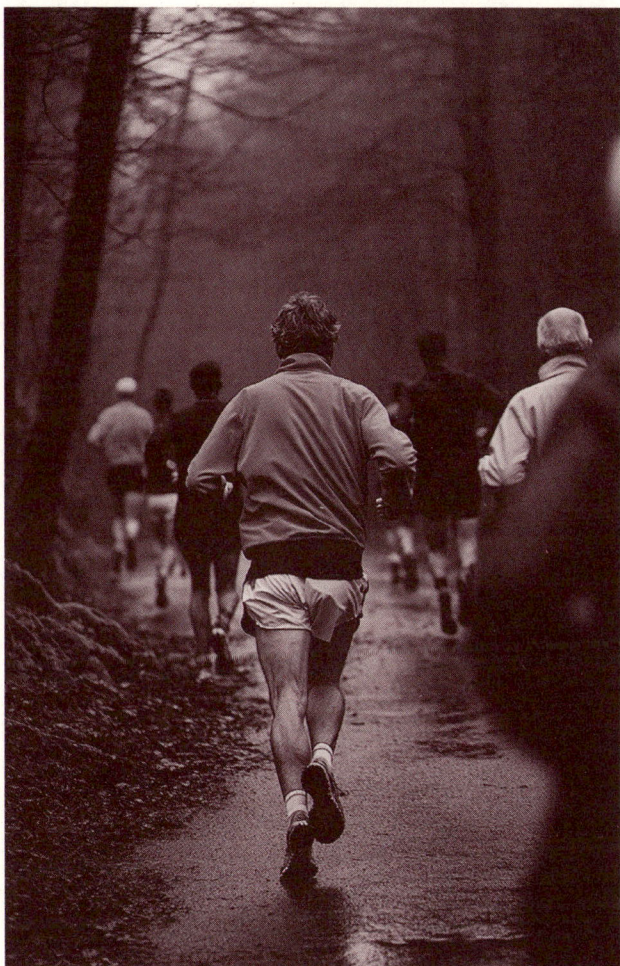

No todos los atletas llegan a experimentar
la euforia del corredor. Se sigue investigando
la ciencia detrás de este misterio.

Test: ¿Endorfinas en equilibrio?

Las endorfinas juegan un papel crucial en tu bienestar físico y emocional. Esta prueba está diseñada para que sondees si tus niveles de endorfinas están alterados, es decir, para que identifiques posibles señales de exceso o deficiencia de estos neurotransmisores en tu cuerpo.

Responde con sinceridad; recuerda que no es un diagnóstico médico ni sustituye una evaluación profesional. Los resultados de este test pueden dar indicios útiles para tomar medidas que promuevan un mejor estado de ánimo y salud integral. ¡Considéralos como un punto de partida para reflexionar sobre tu salud!

1. ¿Te sientes bien y con más energía después de realizar actividad física?

☐ Siempre   ☐ A veces   ☐ Nunca

2. ¿Duermes bien y
te despiertas descansado?

☐ Siempre ☐ A veces ☐ Nunca

3. ¿Consideras que tu apetito está
equilibrado y rara vez comes
en exceso por ansiedad?

☐ Siempre ☐ A veces ☐ Nunca

4. ¿Te recuperas rápidamente
cuando te lesionas
o enfermas?

☐ Siempre ☐ A veces ☐ Nunca

5. ¿Sientes poca o ninguna
molestia física en tu día a día?

☐ Siempre ☐ A veces ☐ Nunca

6. ¿Te sientes optimista y de buen humor la mayor parte del tiempo?

☐ Siempre   ☐ A veces   ☐ Nunca

7. ¿Te sientes ansioso o estresado sin motivo aparente?

☐ Siempre   ☐ A veces   ☐ Nunca

8. ¿Disfrutas y te sientes satisfecho con tus actividades diarias?

☐ Siempre   ☐ A veces   ☐ Nunca

9. ¿Experimentas estabilidad emocional sin cambios bruscos de humor?

☐ Siempre   ☐ A veces   ☐ Nunca

10. ¿Te sientes motivado para probar cosas nuevas o trabajar en tus metas?

☐ Siempre ☐ A veces ☐ Nunca

Has llegado al final. Esperamos que este test te haya ayudado a analizar tu día a día. ¿Listo para ver los resultados?

Resultados

Dos puntos por cada vez que respondiste «siempre».	**Un punto** si escogiste «a veces».	**Ningún punto** si marcaste «nunca».
↓	↓	↓
2	1	0

¿Cuál fue tu puntaje final? ¡Suma y verás!

pts.

0-10

¡NECESITAS UN RESPIRO!

Podrías tener niveles bajos de endorfinas, razón por la cual sería necesario que integres a tu rutina actividades que promuevan el bienestar emocional y físico, como la meditación o el deporte.

↓ pts.

11-16

¡PUEDES MEJORAR!

Podrías beneficiarte de actividades que estimulen la producción de endorfinas, como el ejercicio regular y la socialización, para mantener o elevar las concentraciones de estos analgésicos naturales.

↓ pts.

17-20

¡FELICIDADES!

Es probable que tus niveles de endorfinas sean altos, lo que contribuye a tu bienestar general. ¡Felicitaciones! Sigue riendo y ejercitándote.

Un caso para analizar

Tania se encontraba atrapada en una profunda depresión. Había sido despedida de su trabajo después de ocho años, a raíz de una reestructuración del personal, y su novio la había dejado por irse a estudiar una maestría a Inglaterra. Los días eran grises y hasta las tareas más simples le resultaban pesadas. Empezó a vivir en un eterno *loop*: se despertaba, comía mal, trabajaba sin motivación, se quedaba horas pegada a su teléfono y le costaba dormir. Amanecía cansada, fatigada y de mal humor.

Una noche, navegando por internet, vio un video en el que explicaban que las endorfinas son de mucha ayuda para las personas que desean superar la tristeza. Pero ¿cómo se generan de manera natural? Tania se propuso averiguarlo, sin expectativas grandes, aunque con la pequeña esperanza de que, tal vez, encontraría un respiro en medio de la oscuridad. Consultó con un especialista en salud mental y juntos trazaron un plan de recuperación. Por un lado, inició sesiones de psicoterapia, visitó a un psiquiatra para iniciar un ciclo de antidepresivos y, además, replanteó sus rutinas diarias.

Ella, que durante años había rechazado cualquier tipo de deporte, tuvo que incorporarlo en su vida por motivos de salud. Comenzó con caminatas diarias, empujada por la idea de que el ejercicio la ayudaría. Al principio no sintió ningún cambio; no obstante, poco a poco notó que su ánimo mejoraba ligeramente tras cada caminata. No era un alivio inmediato, pero las pequeñas dosis de endorfinas que su cuerpo liberaba le daban más claridad y energía. Tras un par de meses, decidió inscribirse en el gimnasio y contratar a un entrenador personal para encontrar la rutina ideal.

Pronto, Tania sumó otras actividades. Se animó a ver comedias en diversas plataformas de *streaming* por las noches y, entre carcajadas tímidas, descubrió que reír la hacía sentir más ligera, así fuera por unos minutos. También, retomó el contacto con amigos de la universidad, redescubrió el placer de una conversación sincera y empezó a salir con un antiguo enamorado.

Con el tiempo, su rutina de ejercicio, risas, conexión social y vida sexual activa se convirtieron en su manera de combatir la tristeza. A pesar de que la depresión no había desaparecido por completo, ella encontró herramientas naturales para gestionarla y, con cada pequeño paso, sentía que estaba recuperando el control sobre su vida.

Tu especialista de cabecera dice

JOSÉ MIGUEL GAONA

Es psiquiatra especializado en psicología médica y psiquiatría forense. Además, es miembro de la Asociación Europea de Psiquiatría y ha ejercido la docencia universitaria. Es autor del libro *Endorfinas* y coautor de *Ser adolescente no es fácil*. Sobre las endorfinas, comenta:

"Son nuestra morfina interna, que, al igual que los opiáceos, una vez experimentado el placer de su secreción endógena, nos hace dependientes de ellas. El resto de nuestra vida no llega a ser otra cosa que su continua búsqueda".

MARIAN ROJAS ESTAPÉ

Es una psiquiatra, escritora y conferencista española, reconocida por su labor en la divulgación de temas relacionados con la psicología y el bienestar emocional. Es autora de los *best sellers* *Cómo hacer que te pasen cosas buenas*, *Encuentra tu persona vitamina* y *Recupera tu mente, reconquista tu vida*. Ella señala:

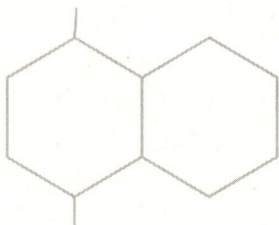

"Reírnos de nuestros fracasos y problemas y priorizar el sentido del humor es básico. [...] Sabemos que la persona que ríe activa el músculo orbicular del párpado, que tiene una relación con el sistema límbico. Eso genera endorfinas y sustancias positivas para el organismo. Está comprobado que cuando uno se ríe a carcajadas hay una explosión luminosa en el cerebro, como se ha visto en alguna resonancia magnética. El sentido del humor es una vitamina para el cerebro muy buena para la salud"

4

EQUILIBRIO
Y
bienestar

Endorfinas en balance

Es difícil mantenerse en equilibrio en todo momento. No solo en cuanto a lo hormonal, sino en general. Por esta razón, debemos estar atentos, reconocer y tomar en cuenta cualquier indicador de desbalance. Si vivimos de esta manera durante un periodo largo de tiempo, nuestro cuerpo dejaría de funcionar, la mente se nublaría y nuestros sentidos no nos responderían. Emocionalmente, también tendríamos una carga pesada y difícil de gestionar.

El sedentarismo, dedicar un tiempo excesivo a las redes sociales o simplemente dejar de sentir bienestar en nuestro día a día son señales de desbalance. Estos indicios pueden convertirse en síntomas si no tomamos medidas oportunas.

Ojos bien abiertos

La ausencia o deficiencia de endorfinas puede indu-cirnos a estados depresivos o de desequilibrio emo-cional. Tal vez percibes que estás perdiendo el entu-siasmo, tienes menos energía o quizá esa serie que antes te causaba incontables risas ahora te provoca indiferencia. En resumen, los pensamientos pesimistas parecen haberse instaurado en tu mente.

Ante este escenario, debemos incrementar la producción de endorfinas en cuanto sintamos o iden-tifiquemos lo que nos está pasando. ¿Cómo lograrlo? Podemos probar de forma natural buscando acti-vidades, hábitos y estrategias que contribuyan a la óptima liberación de estos analgésicos. No obstante, es importante que estemos atentos a la evolución de nuestro estado de ánimo, pues también podríamos necesitar una opinión médica que nos oriente.

Gestión del estrés

Un factor importante para la generación y el balan-ce de las endorfinas es poner el estrés a raya. La me-ditación, el yoga, la acupuntura y el contacto con la naturaleza resultan ideales, pues elevan sus concentraciones. Esto promueve una sensación de bienestar y reduce el estrés, dado que disminuye nuestros niveles de cortisol y mantiene un equilibrio con las demás hormonas y neurotransmisores.

La interacción con nuestros seres queridos es una gran aliada para reducir el estrés. La conexión social y el contacto físico con ellos origina la liberación tanto de endorfinas como de oxitocina, lo que contrarresta los efectos del cortisol y favorece nuestro equilibrio hormonal.

Cambio de hábitos

Se ha destacado mucho la importancia del deporte para la salud. Si hablamos de endorfinas, este será el pilar de su producción. Sin embargo, puede ser un gran reto integrarlo a nuestras actividades. No es fácil modificar hábitos de un momento a otro. El cambio debe ser paulatino, involucrar metas realizables —haciendo algunas concesiones, claro está—, teniendo mucho autocontrol, paciencia y, sobre todo, la capacidad de gobernar nuestros pensamientos y decisiones.

Un estudio muy famoso sostiene que puedes tardar 66 días en promedio para crear un hábito. Con el tiempo, estos cambios se convertirán en rutinas diarias que no solo ayudarán a nuestra salud, sino que traerán consigo calma y tranquilidad. Para poder hacerlos realidad, debemos seguir cuatro pasos muy importantes:

1. **Tomar conciencia**: pensar qué se desea cambiar y qué motiva el cambio. Por ejemplo, dejar de consumir azúcar refinada para mantener baja la glucosa.

2. **Preparación**: tomar la decisión e idear un plan concreto con acciones útiles y probadas, como comprar edulcorantes naturales, restringir los postres o consumir más vegetales en las comidas.

3. **Acción**: seguir el plan trazado. Empezar a cumplir con los objetivos propuestos a la vez que se identifican los obstáculos que retrasan el éxito, como tomar bebidas gaseosas con las comidas.

4. **Sostenimiento**: mantener los cambios por lo menos durante seis meses, para que el cerebro lo interprete como una rutina. Aceptar los pequeños «pecados» y aprender a superarlos.

Generando bienestar

Tener las endorfinas en equilibrio es de vital importancia para que nuestro cuerpo esté en armonía. Las recomendaciones son, como hemos mencionado, llevar una vida sana, en movimiento, alejada de los excesos y con rutinas que faciliten conservar un peso saludable.

LO CLÁSICO NO PASA DE MODA

Llevar a cabo actividades físicas como ir al gimnasio, hacer aeróbicos, correr, nadar, caminar.

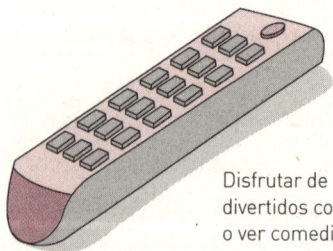

Disfrutar de momentos divertidos con amigos o ver comedias.

Comer chocolate negro, comidas picantes, frutas, nueces, legumbres, alimentos ricos en omega-3, como el pescado.

Dar y recibir abrazos, ir a sesiones de masajes y tener relaciones sexuales.

Realizar ejercicios de relajación mental: meditación, respiración profunda, yoga, pilates.

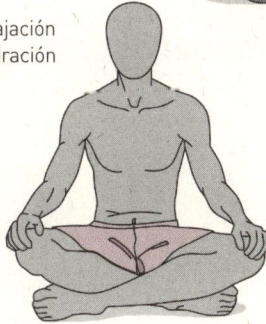

Escuchar música relajante o energizante, bailar, participar en actividades creativas como pintar, escribir o tocar un instrumento.

NUEVAS TENDENCIAS

Terapia de luz: usa lámparas de espectro completo diseñadas para mejorar el estado de ánimo.

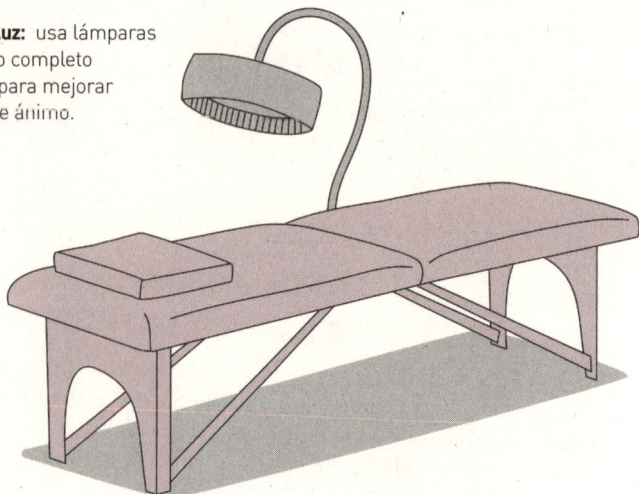

Crioterapia:
la exposición al frío tiene efectos antiinflamatorios y libera endorfinas.

Saunas y baños calientes:
ayudan a segregar endorfinas y relajan los músculos.

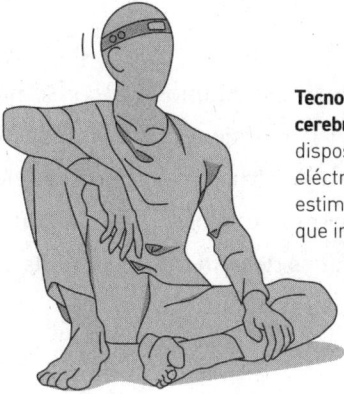

Tecnología de estimulación cerebral: aparatos como Muse o dispositivos de estimulación eléctrica transcraneal estimulan las ondas cerebrales que inducen al bienestar.

Realidad virtual: la tecnología VR permite relajarse y reducir el dolor, simulando entornos naturales o experiencias de calma y felicidad.

Caminos por explorar

Los seres humanos estamos en constante búsqueda de herramientas, actividades o métodos para sentirnos mejor. En ese sentido, proponemos explorar formas tradicionales y no tradicionales de generar endorfinas de manera efectiva en nuestras vidas.

Acupuntura

Esta técnica milenaria china consiste en la inserción de agujas muy finas en la piel en puntos estratégicos para balancear nuestra energía. Así, se estimulan el flujo sanguíneo, nervios, músculos y tejidos para potenciar las endorfinas, con la finalidad de tratar el dolor, generar bienestar y manejar el estrés.

¡A bailar!

Con tan solo unos cuantos minutos de baile, automáticamente liberamos endorfinas. La consecuencia:

nuestro cuerpo nos brinda respuestas emocionales placenteras. Es decir, nos invade una sensación de alegría, cambia nuestro estado de ánimo, nos sentimos entusiasmados y felices. Y ni qué decir de bailar con otras personas. Ello nos conecta y estrecha nuestros vínculos afectivos.

Vamos por un masaje

Un masaje relajante es como una inyección de endorfinas. Los movimientos y presión sobre nuestra piel y músculos hacen que experimentemos de inmediato una sensación analgésica, sedante y estimulante. Nuestro cuerpo es invadido por un efecto relajante que calma el sistema nervioso.

Terapia de luz

Consiste en la exposición a una fuente de luz muy intensa, gracias a unas lámparas especialmente diseñadas para este propósito. El objetivo es ordenar los trastornos del ciclo circadiano y fomentar la producción de endorfinas como respuesta natural del cuerpo al sol, pero sin los nocivos rayos ultravioleta.

Test: Experto en endorfinas

El siguiente test mide tu conocimiento sobre las endorfinas. ¿Estás realmente preparado para este reto? Marca la respuesta correcta. Al finalizar, encontrarás una escala que te permitirá calcular cuánto has aprendido.

1.
¿Qué son las endorfinas?

a. Un grupo de hormonas relacionadas con el sueño.

b. Una familia de proteínas que actúan como neurotransmisores.

c. Un conjunto de enzimas que ayudan a la digestión de las grasas.

2.
¿Cuál de las siguientes actividades estimula la liberación de endorfinas?

a. Consumir alimentos altos en sodio.

b. Correr o hacer ejercicio.

c. Ver televisión todo el día.

3.

¿Qué efecto principal tienen las endorfinas en el cuerpo?

a. Reducen el dolor y promueven la sensación de bienestar.

b. Aumentan el estrés y la ansiedad.

c. Incrementan nuestra capacidad de socializar.

4.

¿Qué alimento es conocido por aumentar las endorfinas?

a. Manzanas.

b. Chocolate oscuro.

c. Embutidos ultraprocesados.

5.

¿Cuál de las siguientes prácticas clásicas ayuda a liberar endorfinas?

a. Leer un libro académico.

b. Reírse con amigos.

c. Estudiar para un examen.

6.

¿Cuál de estas terapias modernas puede ayudar a equilibrar las endorfinas?

a. Terapia de luz.

b. Terapia de privación sensorial extrema.

c. Ayuno prolongado.

7.

¿Qué efecto produce el *runner's high*?

a. Ayuda a la regeneración del tejido muscular.

b. Favorece la asimilación de proteínas y aminoácidos.

c. Produce sensación de felicidad por la actividad intensa.

8.

¿Qué impacto tiene el estrés crónico sobre las endorfinas?

a. Balancea su producción.

b. Reduce su liberación.

c. Propicia su producción.

9.

¿De qué manera influye la música en la liberación de endorfinas?

a. No tiene ninguna influencia.

b. Solo la música clásica aumenta las endorfinas.

c. La música relajante o energizante puede liberar endorfinas.

10.

¿Qué puede ocasionar un exceso peligroso de endorfinas?

a. Fomenta un estado de calma.

b. Dificulta la identificación del dolor.

c. Inhibe la absorción de omega-3.

Has llegado al final. Esperamos que este test te haya ayudado a analizar tu día a día. ¿Listo para ver los resultados?

Respuestas:

1 → B
2 → B
3 → A
4 → B
5 → B
6 → A
7 → C
8 → B
9 → C
10 → B

Puntuación:

RESPUESTAS
CORRECTAS
↓
8-10

EXPERTO

¡Excelente! Eres poseedor de un amplio conocimiento sobre las endorfinas. Tienes el poder necesario para cuidar tu equilibrio hormonal.

RESPUESTAS
CORRECTAS
↓
5-7

DE BASES SÓLIDAS

Tienes un buen manejo de los conceptos básicos sobre las endorfinas, pero podrías profundizar un poco más para alcanzar el siguiente nivel.

RESPUESTAS
CORRECTAS
↓
0-4

PRINCIPIANTE

Necesitas aprender más sobre cómo las endorfinas impactan en tu bienestar. Anímate a buscar más información sobre este apasionante tema.

Tu especialista de cabecera dice

HERBERT BENSON

Es profesor de la Facultad de Medicina de Harvard y fundador del Instituto Benson-Henry de Medicina Mente-Cuerpo, además de autor de libros como *El efecto mente-cuerpo, Relajación, Siempre sano* y *El poder de la mente*. Respecto de este tema, señala:

«Las endorfinas son hormonas liberadas por el cerebro en respuesta a la actividad física, el estrés o la excitación emocional. Funcionan como un poderoso opiáceo natural, aliviando el dolor y generando una sensación de bienestar. El ejercicio regular aumenta la liberación de endorfinas, lo que mejora el estado de ánimo y reduce los niveles de ansiedad. Este fenómeno conocido como «euforia del corredor» (*runner's high*) es un claro ejemplo del poder de las endorfinas para transformar nuestra respuesta al estrés»

ROBERT SAPOLSKY

Es uno de los divulgadores científicos más reconocidos en la actualidad. Escritor y profesor de Biología, Neurología y Neurociencia en la Universidad de Stanford. Comenta:

Cuando nos encontramos en una situación difícil, el cerebro libera endorfinas para aliviar el dolor físico o emocional que pueda surgir. Estas sustancias son extremadamente efectivas para bloquear la percepción del dolor, lo que permite al cuerpo continuar funcionando a pesar de estar bajo presión. Además, las endorfinas fomentan un estado de calma tras la resolución de situaciones estresantes, ayudando a la mente y al cuerpo a recuperar su equilibrio

Creer

PARA

crear

Doce pasos hacia la química de la felicidad

Hemos hablado muchísimo sobre cómo influyen las hormonas y los neuro-transmisores en nuestro organismo y estado de ánimo. También de cómo su equilibrio nos pone —o no— en un estado pleno, de calma, relajación o felicidad. Por tal motivo, hemos preparado una lista de pasos para que los tengas en cuenta y los apliques en tu día a día para lograr el balance entre estos químicos indispensables del cuerpo que son tus grandes aliados para alcanzar una sensación de plenitud y bienestar.

1

RÍE

Busca a tu pareja,
amigos, familia, vecinos y
comparte risas, anécdotas
y momentos agradables.
La risa aumenta
el consumo de energía y
la frecuencia cardiaca en
aproximadamente 10 y
20%. Se estima que se
llegan a quemar entre diez
y cuarenta calorías por
cada diez minutos de risas.

2

MEDITA

↓

Es la forma más efectiva para reducir la ansiedad y el estrés. También ayuda a liberar las sensaciones negativas y a gestionar mejor las emociones, lo que te llevará a sentir paz y seguridad contigo mismo. Físicamente, contribuirá a disminuir tu presión arterial y te hará dormir mejor.

3

DUERME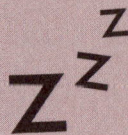

4

HAZ EJERCICIO FÍSICO

De siete a nueve horas es lo recomendable para descansar lo suficiente. El sueño ayudará a tu cerebro a recuperarse del día a día, a desempeñarse mejor, tomar decisiones más acertadas, establecer mejores relaciones con otras personas, etc. Y no solo eso, también te sentirás más optimista.

Es la manera más eficiente en la que sentirás bienestar y felicidad, dado que el cuerpo libera gran cantidad de endorfinas, serotonina y dopamina. Además, la actividad física también disminuirá el estrés porque reduce el cortisol, te vuelve más sociable, aumenta tu sentido del orden y conecta el cuerpo con la mente.

5

COME SANO

De esta manera, aumentarás los niveles de dopamina en el cuerpo y recibirás los nutrientes necesarios para el correcto funcionamiento del cerebro y el sistema nervioso.

6

CUMPLE OBJETIVOS

El sentimiento de felicidad que se experimenta al alcanzarlos te motivará más, te dará seguridad y confianza en ti mismo. Conseguir algo que realmente deseas es una de las satisfacciones más intensas que existen.

7

ABRAZA

El contacto físico con afecto mejora la autoestima, reduce el estrés, atenúa el estado de ánimo negativo y aminora la percepción de conflicto contigo mismo y con todos los que te rodean. Asimismo, contribuye a alejar la ansiedad y te brinda el alivio de sentirte como en un refugio.

8 Baila

En la soledad de la cocina, acompañado en una gran fiesta o con tu pareja. No solo liberarás dopamina y serotonina, sino que, además, oxigenarás el cerebro. Gracias a eso, se generan nuevas conexiones neuronales.

9

TOMA EL SOL

Es la única forma en
la que el cuerpo produce
vitamina D. Esto mejora
el ánimo, disminuye
la presión arterial,
fortalece los huesos,
músculos e incluso
el sistema inmunitario.
Eso sí, ten en cuenta
que debes hacerlo con
moderación y con
la protección necesaria.

AYUDA A ALGUIEN

Las buenas acciones traen como recompensa el aumento de la satisfacción en la vida, mejoran el estado de ánimo y bajan los niveles de estrés. Esto te hará sentir valorado, reafirmará tus relaciones interpersonales, fortalecerá tus vínculos y generarás confianza y gratitud.

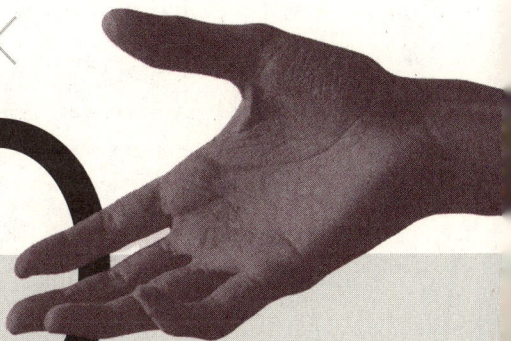

10

11

CONECTA CON LA NATURALEZA

En general, salir a pasear por la playa, un bosque, la selva, una duna desierta o por espacios verdes, te hará más feliz. Los sentidos se estimulan, te llenas de paz, armonía y te conectas más con la vida.

12

AGRADECE

Te permitirá ser más consciente de los aspectos no materiales de la vida. El sentimiento de gratitud está íntimamente relacionado con la satisfacción personal, la salud mental, el optimismo y la autoestima. Asimismo, agradecer te permitirá conocerte mejor y gestionar de manera más adecuada las relaciones sociales.

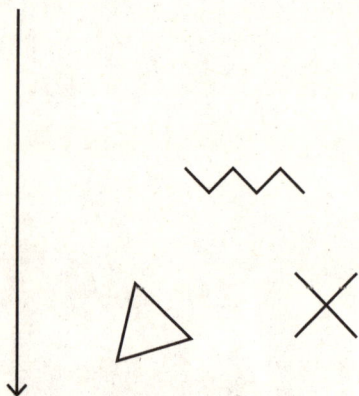

COMPROMISOS

En el capítulo 4, hemos explicado cómo mantener el equilibrio. Considerando esa información, sería ideal poner en blanco y negro tus compromisos personales de cara al futuro.

¿Qué quieres hacer de ahora en adelante? ¿Tal vez sonreír más o alimentarte de manera balanceada?

o ....
....

o ....
....

o ....
....

o ....
....

o ....
....

o ....
....

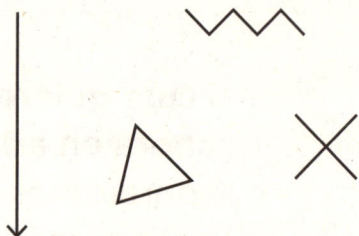

ACCIONES

El camino para mantener nuestros compromisos y lograr nuestros objetivos está hecho de pequeñas acciones cotidianas que marcan la diferencia. La clave está en el cambio: ¿qué modificaciones concretas piensas hacer en tu vida para alcanzar los compromisos que anotaste en la página anterior?

Un gran cambio puede ser acostarte una hora más temprano o meditar diez minutos por las mañanas. **¡La ruta la haces tú!**

LOS SERES QUE ELEVAN LOS QUÍMICOS

Las relaciones con otras personas son tan importantes para nuestra salud como comer bien o hacer ejercicio. Esos vínculos nos dan contención, apoyo, cariño y seguridad, lo que es vital para nuestro equilibrio emocional. Por eso, es fundamental tener presente quiénes son.

Escribe sus nombres

y añade un agradecimiento
para ellos por estar
en tu vida.

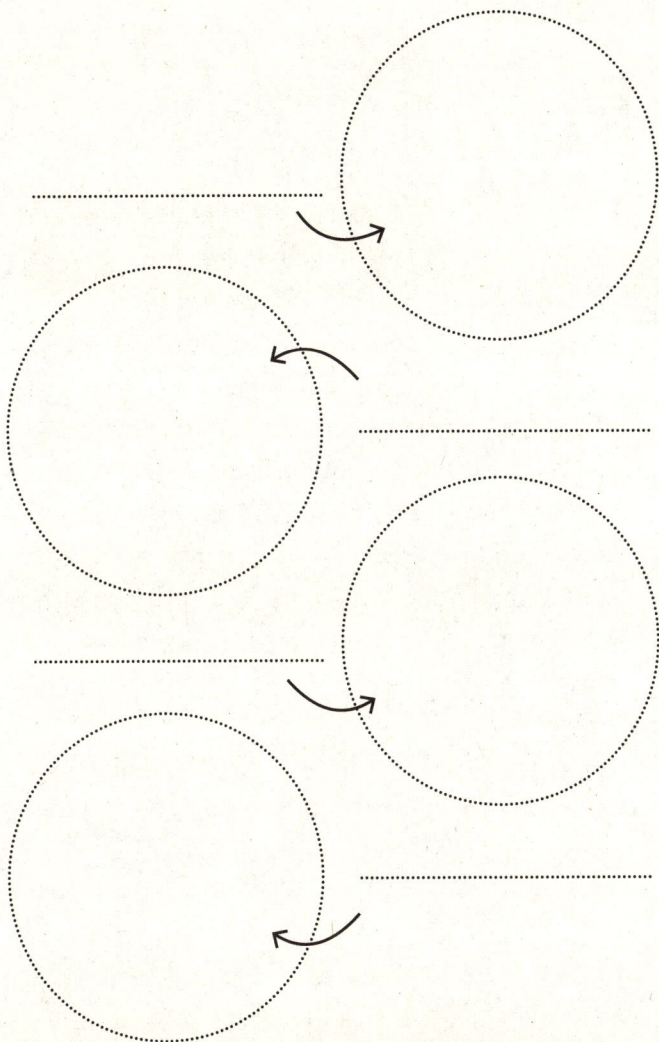

TU ESPECIALISTA DE CABECERA DICE

EL DALÁI LAMA

El líder espiritual del budismo tibetano tiene como una de sus principales misiones animar a las personas de todo el mundo a ser felices. Para lograrlo, trata de ayudarlas a comprender que, si sus mentes están alteradas, la comodidad física por sí sola no les traerá paz, pero si sus mentes están en paz, nada los perturbará. Además, promueve valores como la compasión, el perdón, la tolerancia, la satisfacción y la autodisciplina.

> « La felicidad no es algo que ya está hecho, emana de nuestras propias acciones ».

Y tú... ¿ya decidiste qué harás hoy para construir tu felicidad?